Die ökologischen Höhenstufen am Kilimanjaro. Expedition entlang der Maranga-Route

Roger Wernli

Bibliografische Information der Deutschen Nationalbibliothek:

Die Deutsche Nationalbibliothek verzeichnet diese Publikation in der Deutschen Nationalbibliografie; detaillierte bibliografische Daten sind im Internet über http://dnb.d-nb.de abrufbar.

ISBN: 9783346683298
Dieses Buch ist auch als E-Book erhältlich.

Die ökologischen Höhenstufen am Kilimanjaro entlang der Maranga-Route

Forschungsbericht im Rahmen der Intersivweiterbildung 2018

Roger Wernli, Kantonsschule Sursee
Fachlehrer für Geographie und Biologie

Mt. Kibo (5895 m.ü.M.) | Der höchste Berg auf dem Afrikanischen Kontinent
[Photo: R. Wernli; 5.11. 2018]

Inhaltsverzeichnis

Vorwort

Majestätisch erhebt sich der verschneite Kibo über die umliegende Savanne. Nur 350 km südlich des Äquators gelegen, ist er der einzige Ort Afrikas an dem es permanent Eis und Schnee gibt (nur am Mt. Kenia gibt es noch ein sehr kleines Eisvorkommen).

Die Faszination für den höchsten freistehenden Berg der Erde ist ungebrochen. 25000 aufstiegswillige Besucherinnen und Besucher zählt der Kilimanjaro-Nationalpark jedes Jahr und beschert dem Tansanischen Staat Einnahmen von ca. 21 Millionen Schweizer Franken!

Ich danke dem Kanton für das überaus wertvolle Angebot der Intensivweiterbildung und der Schulleitung der Kantonsschule für die Administration und Unterstützung.

Besonders danke ich allen Einheimischen, welche die Expedition möglich gemacht haben, allen voran den Trägern.

Das Team der Träger, welche persönliche Ausrüstungsgegenstände der Teilnehmerinnen und Teilnehmer bis zur Kibo-Hütte tragen. Jede Person hat seinen eigenen Träger. Der gute Verdienst motiviert die Männer zwischen 63 und 22 Jahren zu dieser harten Arbeit [Photo: R. Wernli; 6.11. 2018].

Einleitung

Das Leben fasziniert. Daran ändern auch naturwissenschaftliche Erkenntnisse nichts. Im Gegenteil: Sie sind die Inspiration, weiter zu fragen, weiter zu forschen, weiter zu staunen.

Die Evolution hat das Leben in allen Landschaftszonen der Erde entstehen lassen. Extremlebensräume faszinieren mich besonders. Dazu gehören Hochgebirge im Allgemeinen und tropische Hochgebirge im Besonderen: Wie schaffen es ortsgebundene Pflanzen, den stark wechselnden Bedingungen zu widerstehen; den grossen Temperaturschwankungen in der bodennahen Luftschicht, der hohen solaren Strahlung nahe am Äquator?

Während wir mit den Alpen ein Hochgebirge praktisch "vor der Haustüre" haben, sind die tropischen tausende Kilometer entfernt.

Es war deshalb mein Wunsch, im Rahmen meiner Intensivweiterbildung Merkmale und Eigenschaften tropischer Höhenökosysteme vor Ort zu dokumentieren und damit authentisches Arbeitsmaterial für den Geographie- und Biologie-Unterricht zu sammeln.

1.1 Lage

Der Kilimanjaro ist das höchste Bergmassiv Afrikas. Es besteht aus drei Vulkanen, von denen nur noch der Kibo (5895 m.ü.M.; Koordinaten 3° 4′ S, 37° 22′ O) als Schichtvulkan erkennbar ist.

Das Massiv liegt etwa 350 km südlich des Äquators, im Nordosten Tansanias. Seit 1987 ist die Landschaft UNESCO-Weltnaturerbe. Nationalpark-Status hat der Kilimanjaro bereits seit 1973. Damit konnte der weiteren Abholzung des Berg-Regenwaldes Einhalt geboten werden.

1.2 Plattentektonische Verhältnisse

Der Kilimanjaro besteht aus den Vulkanen Kibo, Mawenzi und Shira. Sie sind so ineinandergewachsen, dass sie eine breite Bergschulter bilden und den höchsten freistehenden Berg der Erde markieren.

Anders als Faltengebirge, ist der Kilimanjaro nicht durch Kollision an einer Subduktionszone entstanden, sondern durch Dehnung am Ostafrikanischen Grabenbruchsystem. Ausgelöst wurde diese Dehnung durch einen Mantel-Diapir, der unter der Afar-Region aufstieg, die Erdkruste anhob und auf etwa 16 km Dicke ausdünnte. Am Scheitel der aufgewölbten Erdkruste entstanden Brüche in der Erdkruste, an denen sich zahlreiche Rift-Vulkane formten und sich die Erdkruste absenkte (Grabenbildung). Der südliche Abschnitt des Grabenbruch-Systems teilt sich in einen östlichen und einen westlichen Arm. Diese umringen den starren Viktoriasee-Block. Der Kilimanjaro befindet sich im Westarm. Beide Teilsysteme sind aktiv - es kommt also noch zu Erdbeben und Vulkanausbrüchen.

Blick auf die Vulkane Shira, Kibo und Mawenzi (von links nach rechts). Durch Erosion ist beim Mawenzi ein Schwarm von Basaltgängen freigelegt [Photo: R. Wernli, 7.11. 2018].

1.3 Die Klimabedingungen im Südostbereich des Kilimanjaro

Das Kilimanjaro-Massiv liegt auf drei Grad südlicher Breite und damit in der Vegetationszone des immergrünen tropischen Regenwaldes. Tatsächlich aber erstreckt sich östlich des Victoriasees eine Trocken- und Dornsavanne, die fast an den Indischen Ozean reicht.

Wegen seiner Lage an der Ostafrikanischen Grabenschulter herrscht hier ein wechselfeuchtes Klima mit zwei Regenzeiten: Die grosse Regenzeit von März bis Mai und die kleine Regenzeit von Mitte Oktober bis Anfang November (vgl. Klimadiagramme von Arusha und Moshi). Die Trockenzeit dauert in der Savanne etwa fünf Monate, verkürzt sich aber auf gut zwei Monate für die Regionen am Fusse des Kilimanjaro (vgl. Moshi). Hier wird der Einfluss des Steigungsregens wirksam.

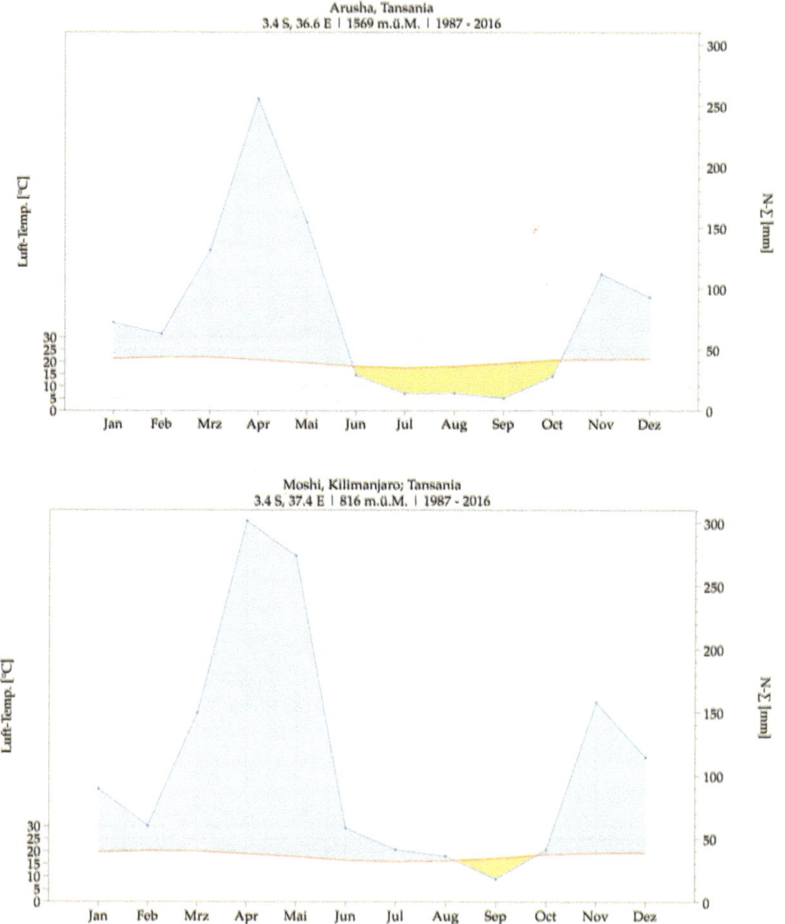

Am Kilimanjaro selbst variieren Niederschlag und Temperatur mit der Höhe und dem Einfluss des vorherrschenden Südost-Passates aus dem Indischen Ozean. Die südexponierten Luv-Hänge erhalten deshalb ca. 500 mm mehr Niederschläge als die nördlichen Hänge der Lee-Seite. Der jährliche Niederschlag erreicht sein Maximum in der Mittelgebirgszone zwischen 1800 und 2400 Meter. In höheren Lagen nimmt der Niederschlag bereits wieder ab (vgl. Graphik unten; HEMP, 2001).

Die mittlere Jahrestemperatur beträgt an den Vulkanausläufern 23.4° C (Moshi, 816 m.ü.M.; (Walter et al., 1975) und sinkt auf -7.11° C an der Spitze des Kibo (Thomson et al. (2002)). Über die knapp 5100 Meter Höhendifferenz nimmt die Temperatur damit linear um 0.6 °C pro 100 Meter ab, was einem durchschnittlichen feuchtadiabatischen Gradienten entspricht.

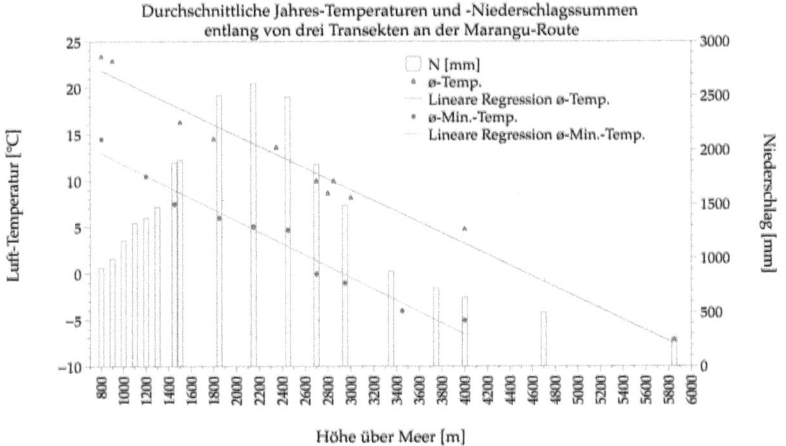

Ein zyklisches Windsystem versorgt die afro-alpine Wüste mit Feuchtigkeit

Ich konnte am Kilimanjaro ein Windmuster erkennen, das einen grossen Einfluss auf den Tagesgang von Luft-Temperatur und Feuchte hat.

Während der Trockenzeit stellt sich an der Bergflanke der Maranga-Route ein tageszeitliches Regional-Windsystem ein: Am Vormittag erwärmt sich in der afro-alpinen Stufe der weitgehend vegetationslose Boden rasch und stark. Das führt zu einem Bodentief, in welches feuchte Luft aus den tieferliegenden Höhenstufen fliesst. Dabei entsteht adiabatisch Nebel. Eindrucksvoll ist dieses Phänomen oberhalb des Kibo-Sattels in der afro-alpinen Wüstenstufe zu beobachten, weil der Nebel einem dann entgegen kommt. Manchmal lösen sich die Nebel auf, manchmal wird man aber auch von der aufsteigenden Feuchtigkeit eingehüllt.

Talwind, der jeweils am Nachmittag aus der Ericaceen-Stufe in die afro-alpine Wüstenstufe strömt. In der Trockenzeit ist der Nebel weitgehend die einzige Wasserquelle für die spärlichen Horst- und Polsterpflanzen [Photo: R. Wernli, 10.11. 2018].

1.4 Bevölkerung

Am Kilimanjaro lebt das Volk der Chagga. Die bantu-sprechenden Menschen betreiben eine traditionelle Agroforst-Landwirtschaft mit ausgeklügeltem Bewässerungssystem. „In ihren Hausgärten verwenden die Chagga vier Vegetationsschichten. Unter einer Baumschicht, die Schatten, Futter, Medikamente, Brennholz und früher auch Bauholzbananen liefert, werden unter den Bananen Kaffeebäume und unter diesen Gemüsesorten angebaut. Dieses Mehrschichtsystem maximiert die Nutzung von begrenztem Land. Das Gebiet wird durch ein Netz von Kanälen bewässert, die von Hauptfurchen gespeist werden, die aus dem Bergwald stammen" (HEMP, C.; 2008).

Chagga-Frauen auf dem Nachhause-Weg vom Markt in Moshi [Photo: A. Wernli, 6.11. 2018].

2.1 Definition der Hochgebirge

Angesichts der Vielfalt an Gebirgen gibt es keine universellen Kriterien für Hochgebirge. Nach HÖVERMANN (zit. in {BURGA, C. et al.; 2004}) durchstossen Hochgebirge mindestens eine Landschaftszone, also einen meridionalen Naturgrossraum der Erde. Diese Definition würde aber etwa auch für den Schwarzwald gelten.

Auf alle Fälle zeichnen Hochgebirge steile Reliefeinheiten aus und ein vertikaler Wandel der ökologischen Bedingungen mit ausgeprägten Höhenstufen aus. Auch glazialmorphologische Kriterien sind sinnvoll, um Hochgebirge zu kennzeichnen.

2.2 Merkmale von Gebirgsklimaten

Die Klimaverhältnisse der Hochgebirge sind sehr variabel. Zu unterscheiden sind die Hochgebirge der gemässigten Breiten auf der Nordhalbkugel von den tropischen Hochgebirgen. In den gemässigten Breiten modifizieren kontinentale bzw. ozeanische Klimaeinflüsse den Charakter eines Hochgebirges. Im Falle des Kilimanjaro wirkt der Ostafrikanische Graben als Klimascheide. Die Kongo-Luftmassengrenze (CAB) trennt im Sommer die trockenen Luftmassen im Osten von den feuchten Luftmassen im Westen. Der Indische Sommermonsun (ISM) östlich von Afrika transportiert sämtliche Feuchte im Sommer nach Indien ab, sodass Ostafrika zu dieser Zeit weitestgehend trocken bleibt. Westlich der CAB regnet es in den Sommermonaten, östlich davon nicht. Es herrschen trockenere Bedingungen (Savanne) als es dem Breitengrad entsprechen würde. Der tropische Tieflandregenwald beginnt erst westlich des dreissigsten Längengrades Ost im Kongobecken.

Drei Merkmale gelten für die Höhengradienten von Hochgebirgen generell:

1. Die Temperaturamplituden nehmen mit der Höhe zu.
2. Die Windgeschwindigkeiten nehmen mit der Höhe zu.
3. Die Strahlungsintensität nimmt mit der Höhe zu.

Zwischen Hochgebirgen der Gemässigten Breiten und den Tropen gibt es aber auch Unterschiede:

1. In den Gemässigten Breiten nehmen die Niederschläge zu. In tropischen Hochgebirgen liegen die Maxima in der Mittelgebirgszone zwischen 2000 und 3000 m.ü.M. Darüber nehmen die N-Mengen wieder ab.
2. Die vegetationsfreien Höhenstufen in den Alpen sind Kältewüsten, in den Tropen sind es Trockenwüsten.
3. Die Anzahl Tage mit Frostwechsel ist in tropischen Hochgebirgen grösser.

Kapitel 3 | Die Vegetationshöhenstufen am Kilimanjaro

3.1 Savanne und submontane Stufe:

Die Vegetation des Tieflandes und der unteren montanen Zone ist stark umgewandelt.
Ursache ist primär das Bevölkerungswachstum: Innerhalb der letzten neunzig Jahre hat sich
die Bevölkerung verzehnfacht! Zwischen 800 m und 1100 m.ü.M umgibt die Savannenzone
den Kilimanjaro. Der grösste Teil dieses Gebiets wird für die Pflanzenproduktion (Mais,
Bohnen, Bananen) genutzt. Zwischen 1100 und knapp 2000 m.ü.M. schliesst die untere
Montane Stufe an. Die meisten südöstlichen Flächen am Kilimanjaro werden als „Chagga
Hausgärten" genutzt (vgl. Kap. 1.4).

*Hütte, inmitten eines Hausgartens. Die Wäsche ist hier zwischen Bananen-Stauden zum Trocknen
aufgehängt worden [Photo: A. Wernli, 5.11. 2018].*

3.2 Montane Regenwald-Stufe

Der weitgehend naturbelassene immergrüne Berg-Regenwald beginnt ab etwa 1800 m.ü.M., unmittelbar am Tor des Nationalparks. Es ist ein Gebirgs-Lorbeer-Wald, dessen A-spekt stark vom Wasserhaushalt geprägt wird: Feuchte Bereiche wechseln ab mit aueähn-lichen Standorten. Epiphyten sind häufig. Es sind vor allem Moose und Farne, die in höhe-ren Bereichen von Bartflechen abgelöst werden. Die vom Tiefland-Regenwald allgemein bekannten Lianen sind nicht sehr häufig. Auch die bekannten Brettwurzeln fehlen hier fast vollständig.

Ab 2500 wird der Lorbeer-Wald von subalpinem Gebirgs-Erica-Wald (Baumheide, Erica arborea) abgelöst. Hier ist der Flechtenwuch stark. Wahrscheinlich als Folge des Nebelreich-tums (die Niederschlagssummen gehen in dieser Höhenstufe bereits wieder zurück (vgl. Abb. ...) In dieser subalpinen Stufe liegt auch der unterste Hüttenkomplex, die Mandara-Huts, in denen man nach der ersten Tagesetappe der Kilimanjaro-Besteigung übernachtet.

[Photo: A. Wernli, 6.11. 2018]

3.3 Ericaceen-Stufe

Oberhalb von 3000 m.ü.M. geht der geschlossene Waldbestand in ein Mosaik von Erica-Wald und Moor-Grasland über.

Ab ca. 3200 m.ü.M. wächst Erica als Heideformation bis auf die Höhe der Horombo-Hütten auf 3750 m.ü.M. (Ziel der zweiten Tagesetappe).

An dieser Stelle kreuzt die Maranga-Route ein Senecio-Carex-Moor. Am oberen Bildrand ist der älteste Vulkan, Shira, zu sehen.

Die Träger tragen ein maximal zulässiges Gewicht von 16 kg Gepäck der Teilnehmer oder Küchenmaterial [Photo:R. Wernli, 7.11. 2018].

An feucht-nassen Bereichen treten in scharfem Kontrast zu den Erica-Beständen Senecio-Carex-Moore auf. Die höchsten Senecien-Vorkommen liegen auf etwa 4100 m.ü.M., knapp unterhalb des Sattels.

Dieses Senecio-Carex-Moor liegt zwischen zwei Erica-Heiden. Seine Existenz verdankt es dem Zuschusswasser von den Hängen des Kibo (links, ausserhalb des Bildes bzw. des Mawenzi [Photo: R. Wernli, 7.11. 2018].

3.4 Afro-alpine Wüstenstufe

Auf 4010 m.ü.M. kennzeichnet die Helichrysum-Heide den Übergang zur Afro-alpinen Wüste, die auf der Höhe des Sattels (ca. 4200 m.ü.m.M.) augenfällig beginnt. Hier dominiert das Festuca-Puna-Grasland (*Festuca kilimandscharica*) mit lückigen Grasbeständen. Helichrysum ist weiterhin als polsterförmige Pflanze vertreten.

Sattelbereich des Kilimanjaro mit augenfälligem Florenwandel [Photo: R. Wernli, 8.11. 2018]

[Photo: R. Wernli, 9.11. 2018]

3.5 Afro-alpine Nivalstufe

Die Schnee- und Gletscherzone am Kibo ist vegetationslos. Ob allenfalls noch Flechten vorkommen, kann ich nicht sagen. Man ist in dieser Höhe mit sich selbst und der Schönheit der Landschaft beschäftigt. Messungen habe ich in der höchsten Stufe keine durchgeführt.

An Eis kann man Plateau-Gletscher im Krater von den Hängegletschern an den Krater-Aussenwänden unterscheiden. Die dramatische Gletscherschmelze der vergangenen einhundert Jahre betrifft vor allem die Hängegletscher.

Im Inneren des Kibo-Kraters. [Photo:R. Wernli, 10.11. 2018].

Hängegletscher [Photo: M. Geiger, mit freundlicher Genehmigung; 10.11. 2018].

Kapitel 4 | Methoden

Die Klimaelemente und der Wasserhaushalt sind die abiotischen Bedingungen eines Land-
schaftssystems. Sie bestimmen die Struktur von Ökosystemen. Gerade in Hochgebirgen sind
synoptische[1] Klimadaten oft nicht aussagekräftig. Wegen der Topographie spielen die meso-
und mikroklimatischen Bedingungen eine wesentlich wichtigere Rolle. Ein Beispiel: In den
Trockenwüsten tropischer Hochgebirge weichen die Bodentemperaturen beträchtlich ab von
den offiziellen Lufttemperaturen zwei Meter über Grund. Es sind aber gerade die Bedingungen der bodennahen Luftschicht, mit denen die Pflanzen auskommen müssen. Eigene
Messungen sind deshalb unerlässlich.

4.1 Erfassung der Wetterdaten

Die Wetterdaten wurden mit einem tragbaren Datenlogger durchgeführt. Das Gerät der Firma
Omega (Modell HHEM-SD1) protokolliert die Messdaten wahlweise mit einem Aufzeich-
nungsintervall zwischen einer Sekunde und einer Stunde und speichert sie mit einem Zeit-
stempel auf einer SD-Karte im Excel-Format ab. Für die Messungen wurde ein Messintervall
von zwei Sekunden gewählt und zu jedem Messzeitpunkt mindestens 10 Sekunden gemessen.
Wenigstens alle zwei Stunden wurde zwischen 6 Uhr morgens und 19 Uhr abends eine
Messung durchgeführt. Aus den Rohdaten wurden jeweils das arithmetische Mittel gebildet.

Gemessen wurden folgende Parameter:
- Luftgeschwindigkeit
- Luftemperatur
- Oberflächentemperatur des Bodens
- Relative Luftfeuchte
- Solarstrahlung

Anmerkung der Redaktion: Abbildung wurde aus urheberrechtlichen
Gründen entfernt.

Das Messgerät HHEM-SD1 der Firma Omega
(Quelle: https://www.omega.de/pptst/HHEM-SD1.html

---

[1] Synoptische Klimadaten dienen der Wetterprognose. Sie haben deshalb eine grossräumige Bedeutung.

4.2 Statistik der Wetterdaten

Sämtliche Messwerte stammen aus der Kalenderwoche 45 des Jahres 2018. Es handelt sich deshalb um Wetterdaten, die für das Regionalklima nicht repräsentativ sein müssen.

Immerhin war uns in den sieben Tagen ausgesprochenes Wetterglück beschieden: Alle Tage waren niederschlagsfrei und sonnig. Auch der Bewölkungsgrad über die Tage war ähnlich, so dass die Messwerte, die über mehrere Tage in verschiedenen Höhen erhoben werden mussten, recht gut vergleichbar sind.

4.3 Gültigkeitsbereich der Wetterdaten

Die erhobenen Daten gelten nur für die begangene Maranga-Route.

Rund um den Kilimanjaro existieren etwa acht Besteigungs-Routen. Die Grenzen der Vegetations-Höhenstufen sind aber nicht überall gleich: Im Nordosten, zur Kenianischen Grenze hin, bildet der Berg-Regenwald niederschlagsbedingt nur einen schmalen Streifen. Die nach oben anschliessende Ericaceen-Stufe beginnt deshalb tiefer als an den übrigen Berghängen. Im Südwesten reicht dagegen der Berg-Regenwald viel weiter nach unten als an den südlichen und südöstlichen Bergflanken, wo der Mensch den Regenwald für die Landwirtschaft gerodet hat.

Darüber hinaus gibt es an der Ost- und Westseite des Kilimanjaro unterschiedliche regionale Windsysteme (vgl. dazu auch Kap. XY). Sie belegen, dass die Sonneneinstrahlung und damit der Tagestemperaturgang unterschiedlich ist.

4.4 Validierung der Wetterdaten

Der verwendete Datalogger von Omega (Modell HHEM-SD1) ist ein sehr robustes Gerät und speziell für den mobilen Einsatz konzipiert. Technisch hatte der Logger stets zuverlässig gearbeitet.

Eine Kalibrierung im strengen Sinn konnte nicht durchgeführt werden. Die Lufttemperatur sowie die Oberflächentemperatur des Bodens wurden daher mit dem Infrarot-Thermometer „testo 810" verglichen, das ich als Ersatzgerät mitgeführte. Das kleine handliche Gerät misst gleichzeitig die Lufttemperatur und die Oberflächentemperatur eines Messobjekts. Die Abweichungen der beiden verwendeten Messgeräte betrug maximal 0.4° Celsius.

Die relative Luftfeuchte wurde vor Expeditions-Beginn im Basis-Lager mit einem feuchten Baumwolltuch überprüft. Der Datenlogger zeigte die geforderten 100% relative Luftfeuchtigkeit an!

4.5 Gehalt an Pflanzennährstoffen im Boden

Die quantitative Bestimmung der Nährionen im Boden ist analytisch anspruchsvoll und teuer.

Alternativ kann man die elektrische Leitfähigkeit eines Bodenextraktes messen. Dabei nutzt man die Tatsache, dass die Leifähigkeit des elektrischen Stromes vom Gehalt an Ionen in einem Bodenextrakt abhängig ist.

Da die tatsächlichen Nährionengehalte der Bodenproben nicht bestimmt werden können, werden die gemessenen Leitfähigkeits-Werte mit einer Kalibrierlösung verglichen, deren Molarität bekannt ist. Dafür wurde Kaliumchlorid (KCl) verwendet.

Mit dieser Methode können die untersuchten Bodenproben untereinander verglichen werden.

Versuchsdurchführung: Je 10,00 g Trockenmasse einer Bodenprobe wurde mit 100 ml destilliertem Wasser versetzt und während einer Stunde in der Schüttelmaschine geschüttelt. Anschliessend wurde in der Suspension die elektrische Leitfähigkeit bestimmt. Verwendet wurde das Messgerät HI9814 pH/EC/TDS Multimeter der Firma HANNA-Instruments.

Die erhaltenen Leitfähigkeitswerte (in Siemens pro cm) werden mit einer KCl-Lösung verglichen, für die zuvor eine Kalibrierkurve erstellt wurde. Die Graphik unten zeigt, dass die gemessenen Werte im unteren und oberen Bereich mit den theoretischen Werten übereinstimmen. Nur im mittleren Bereich weichen die gemessenen Werte geringfügig nach unten ab. Die Abweichungen sind aber so gering, dass die gemessenen Werte nicht korrigiert wurden.

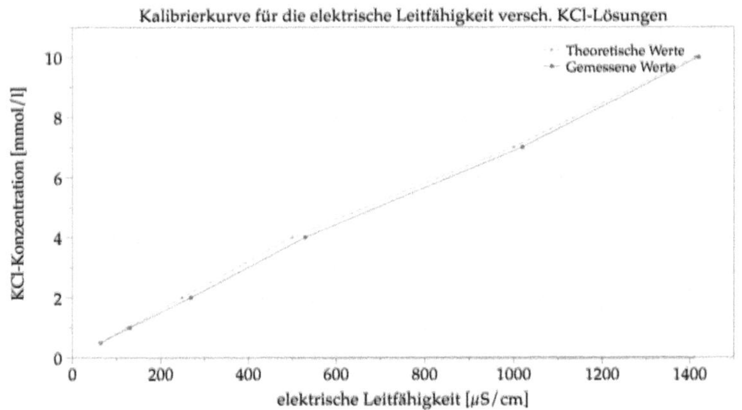

5.1 Tagesgänge pflanzenökologisch relevanter Klimaelemente

Der Charakter des afroalpinen Klimas wird durch die Nähe zum Äquator und die grosse Höhenlage bestimmt. Pflanzen wachsen hier noch in Höhen, die in den Aussertropischen Gebirgen bereits zur hochnivalen Stufe gehören.Das Vordringen der Vegetation in grosse Höhenlagen mag trivial erscheinen, es ist aber eine faszinierende Anpassung an extreme geographische Bedingungen:

• Die solare Strahlung nimmt zu, das gilt insbesondere für den Anteil an schädlicher UV-Strahlung, gegen die sich die ortsgebundenen Pflanzen schützen müssen.

• Die Tagesamplituden der Luft- und Bodentemperaturen sind wesentlich grösser als in Mittel- und Tieflagen.

• Der CO_2-Partialdruck nimmt stark ab, was den photosynthetischen Gasaustausch und damit die Wachstumsraten beeinflusst.

• Der Wechsel von feucht- zu trockenadiabisch aufsteigener Luft lässt hygrische Höhenwusten entstehen. Pflanzen müssen sich daher ab etwa 4200 bis 4500 Meter über Meer auf sehr trockene Bedingungen einstellen.

Die erhobenen Messwerte entlang der Maranga-Route werden nachfolgend dargestellt und interpretiert.

5.2 Tagesgang der Lufttemperaturen

Allgemein ist der Tagesgang der Temperatur in allen Klimazonen der Erde ähnlich; mit einem Temperatur-Anstieg am Vormittag und einem Temperatur-Rückgang nach dem Maximum des frühen Nachmittages. Verantwortlich dafür sind die Strahlungsbilanz und der Verlauf des Sonnenstandes.

In den beiden unteren Höhenstufen des Kilimanjaro wird dieser Temperaturverlauf bestätigt. In den beiden oberen Höhenstufen ist der Verlauf dagegen atypisch: Hier treten die Temperatur-Maxima schon am Vormittag auf.

In der afro-alpinen Wüstestufe sinkt die Temperatur nach dem Tagesmaximum im Trend zwar auch, aber nicht kontinuierlich. Dafür verantwortlich ist ein tageszeitliches Regional-Windsystem, dessen Wolken den Strahlungsgang beeinflussen: Am Vormittag erwärmt sich in der afro-alpinen Stufe der weitgehend vegetationslose Boden rasch und stark. Das führt zu einem Bodentief, in welches feuchte Luft aus den tieferliegenden Höhenstufen fliesst. Dabei entsteht adiabatischer Nebel. In der Ericaceen-Stufe können am Nachmittag Nebelschwaden beobachtet werden, die hangaufwärts ziehen. Noch eindrucksvoller ist dieses Phänomen oberhalb des Kibo-Sattels in der afro-alpinen Wüste zu beobachten, weil der Nebel einem dann entgegen kommt. Manchmal lösen sich die Nebel auf, manchmal wird man aber auch von der aufsteigenden Feuchtigkeit eingehüllt, wobei sich der Nebel oft wieder auflöst (zumindest in der Trockenzeit).

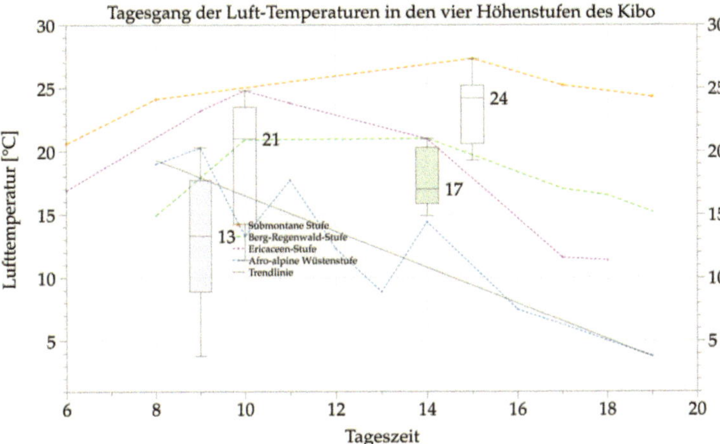

5.3 Tagesgang der Strahlung

Die solare Strahlung liefert die Energie für die Photosynthese. Grüne Pflanzen wandeln den kurzwelligen Anteil um in chemische Energie (ATP).

In der afroalpinen Wüste ist die Strahlung am höchsten, im Berg-Regenwald erwartungsgemäss am niedrigsten. In den beiden unteren Höhenstufen bleiben die Maximalwerte zwischen acht Uhr morgens und etwa ein Uhr nachmittags relativ konstant.

In der Ericaceen-Stufe beschreibt der Tagesgang der Strahlung einen fast satteldachartigen Verlauf mit einem Maximum um etwa elf Uhr morgens. Diesen Verlauf kann ich mir nicht erklären.

In der afroalpinen Höhenwüsten-Stufe wird das Strahlungs-Maximum um vierzehn Uhr erreicht. Falls es sich dabei um keine Anomalie handelt, könnte …

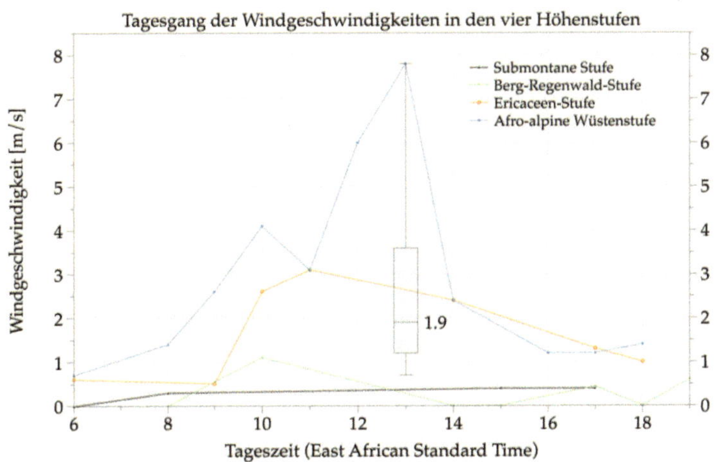

5.4 Tagesgang der relativen Luftfeuchtigkeit

Luftfeuchtigkeit bezeichnet den Wasserdampf in der Atmosphäre. Mit zunehmender Luft-
temperatur nimmt die Wasserdampf-Kapazität der Luft exponentiell zu.

In Küsten- und Höhenwüsten ist der kondensierte Wasserdampf oft die einzige zuverlässi-
ge Wasserquelle für Pflanzen und Tiere, weil Niederschläge ausgesprochen selten sind.

Erwartungsgemäss ist die Luftfeuchte im Berg-Regenwald am höchsten. Der Median beträgt hier 63%. Allerdings gilt dies nicht über den ganzen Tag. Am Morgen enthält die Luft
in der Submontanen Stufe mehr Feuchtigkeit. Das könnte am Bewässerung-System der hier
wohnenden «Chagga-Bevölkerung» liegen.

In der Ericacee-Stufe korrelieren die Wasserdampf-Werte mit dem Tages-Temperaturgang:
In der Mitte des Nachmittages ist es hier am wärmsten, und die Luft hat am meisten Wasserdampf aufgenommen.

In der afro-alpinen Wüstenstufe schwankt die Luftfeuchtigkeit stärker als in den anderen
Höhenstufen Das zugehörige Box-Plot-Diagramm zeigt die grosse Variabilität. Der Median
liegt bei zwar bei tiefen 20% rel. Luftfeuchte, sie steigt aber stark an, wenn durch das regionale Windsystem wasserdampfreiche Luft nach oben steigt und es dort zur Nebelbildung
kommt.

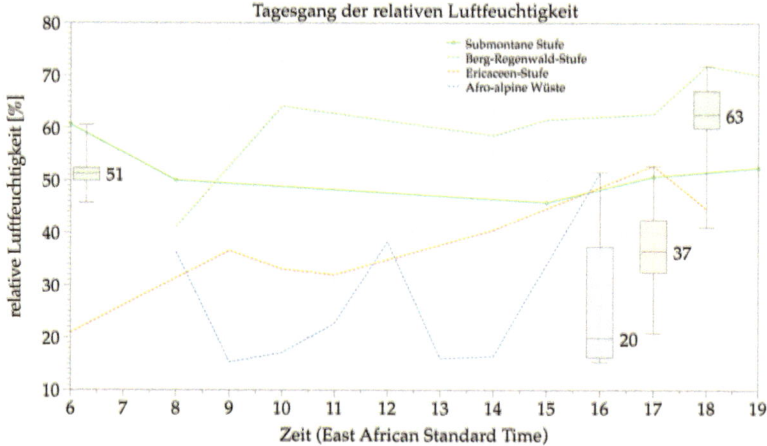

5.5 Tagesgang der bodennahen Windgeschwindigkeiten

Erwartungsgemäss ist die Luftfeuchte im Berg-Regenwald am höchsten. Der Median beträgt
hier 63 %. Allerdings gilt dies nicht über den ganzen Tag. Am Morgen enthält die Luft in der
Submontanen Stufe mehr Feuchtigkeit. Das könnte am Bewässerung-System der hier wohnenden «Chagga-Bevölkerung» liegen.

In der Ericacee-Stufe korrelieren die Wasserdampf-Werte mit dem Tages-Temperaturgang: In der Mitte des Nachmittages ist es hier am wärmsten, und die Luft hat am meisten Wasserdampf aufgenommen.

In der afro-alpinen Wüstenstufe schwankt die Luftfeuchtigkeit stärker als in den anderen Höhenstufen Das zugehörige Box-Plot-Diagramm zeigt die grosse Variabilität. Der Median liegt bei zwar bei tiefen 20% rel. Luftfeuchte, sie steigt aber stark an, wenn durch das regionale Windsystem wasserdampfreiche Luft nach oben steigt und es dort zur Nebelbildung kommt.

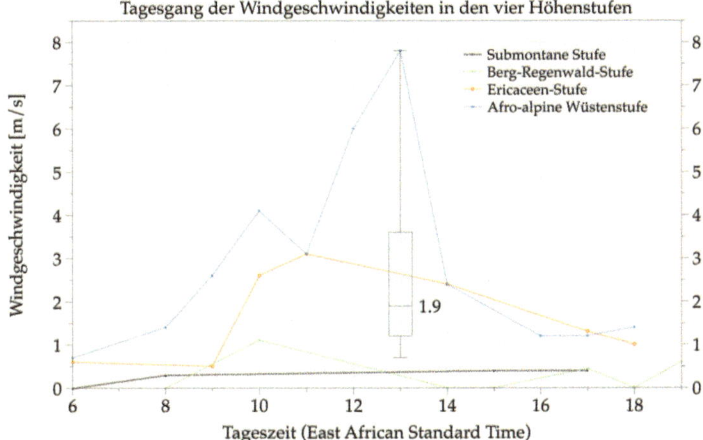

5.6 Maximale Luft- und Bodentemperaturen in den vier Höhenstufen

Im Hochgebirge ist die Bodentemperatur ökologisch wichtiger als die Lufttemperatur. Die folgende Abbildung zeigt, dass in der afro-alpinen Wüstenstufe wiederum die grössten Unterschiede herrschen. Der Boden erwärmt sich stärker als die Luft in jeder tieferliegenden Vegetationsstufe. Für die pflanzenphysiologischen Prozesse dürfte dies eine wesentliche Voraussetzung sein.

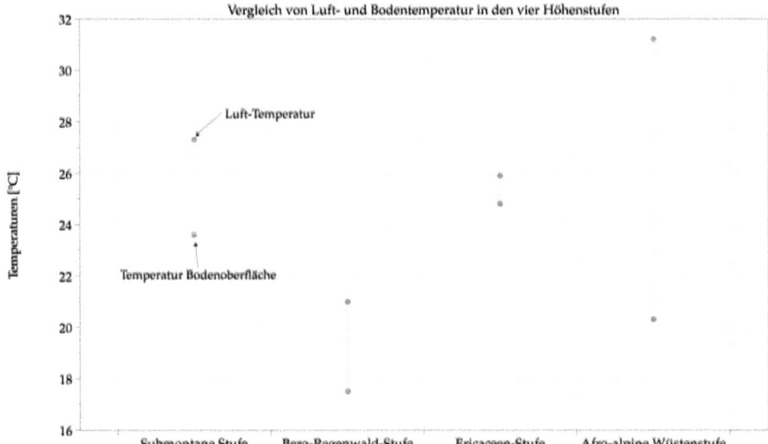

Vergleich von Luft- und Bodentemperatur in den vier Höhenstufen
Temperaturen [°C]
32
30
28
26
24
22
20
18
16
Luft-Temperatur
Temperatur Bodenoberfläche
Submontane Stufe
Berg-Regenwald-Stufe
Ericaceen-Stufe
Afro-alpine Wüstenstufe

5.7 Bodennährstoffe in den Höhenstufen

Pflanzen benötigen für den Aufbau ihrer Biomasse Nährelemente. Von den Hauptnährelementen werden Kohlenstoff, Sauerstoff und Wasserstoff als CO_2 und H_2O aufgenommen; die übrigen nur in Ionenform. Revervoire sind der Nährhumus und der Mineralboden. Von hier nehmen die Pflanzen die Nährionen mit dem Bodenwasser über ihr Wurzelsystem auf.

Die tropischen Regenwälder bilden hier eine Ausnahme. Klimabedingt werden aus den Böden viele Nährionen ausgewaschen. Deshalb nehmen die Pflanzen die Nährionen direkt aus der Streu auf. Man spricht von einem kurzgeschlossenen Nährionenkreislauf. Die Resultate unten belegen die relative Nährionenarmut tropischer Regenwaldböden. Hier werden die geringsten Äquivalent-Werte erreicht. Selbst im Mineralboden der vegetationsarmen afroalpinen Wüsten-Stufe sind die Werte höher. Das liegt im Wesentlichen an der Insolations- und Frostverwitterung (den beiden wirksamsten Verwitterungsformen in dieser Höhenstufe), bei denen Nährionen aus dem Gestein freigesetzt werden. Kleinere Mengen an Nährionen könnten auch über die Luft und durch Zuschusswasser in die afroalpine Wüsten-Stufe gelangen. Erwartungsgemäss hat die Ericaceen-Stufe die nährionenreichsten Böden.

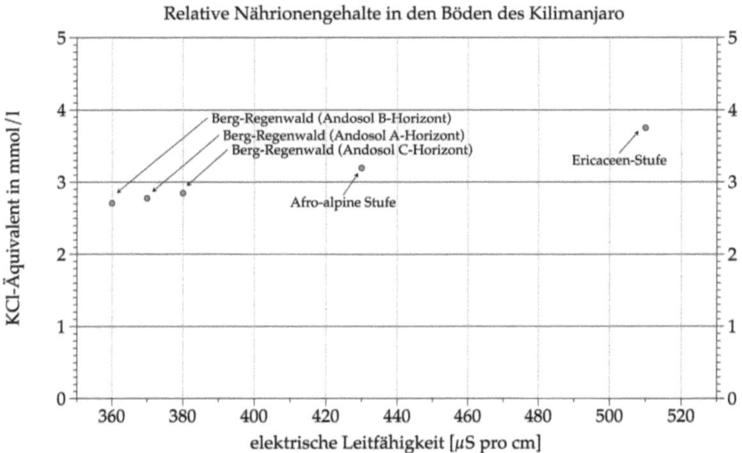

6.1 Forschungen zum Gletscherschwund

Der dramatische Gletscherschwund am Kilimanjaro wurde von Medien gerne als Kardinalbeweis für die Klimaerwärmung aufgebauscht. Gletscheränderungen können ein wichtiger Indikator für die globale Klimaerwärmung sein — vorausgesetzt, die Massenbilanz beruht auf Temperaturänderungen. Tatsächlich hat der Kibo in den vergangenen einhundert Jahren neunzig Prozent seiner Eisoberfläche eingebüsst. Seriöse Messergebnisse belegen aber, dass der Niederschlag für den Zustand der Gletscher in Ostafrika eine bedeutendere Rolle spielt als die Lufttemperatur. Die Gletscher verlieren zwei- bis viermal mehr Masse bei einer Reduktion der Schneefallmenge um 20 % als bei einer Temperaturerhöhung um 1° Celsius. Dies ergaben Modellrechnungen, in denen physikalische Wechselwirkungen zwischen Gletscher und Klima simuliert werden (Geographisches Institut der Universität Innsbruck).

Thomson et al. (2002) hatten im Jahre 2000 eine automatische Wetterstation am Kibo auf 5794 m.ü. M. installiert. Seither schwanken die täglichen Lufttemperaturen nur wenig um den Jahresmittelwert von -7.1 Grad Celsius, und der Maximalwert lag bei -2 Grad Celsius. Simulationsmodelle (z. B. MÖLG, Geographisches Institut der Universität Innsbruck) dokumentieren die grosse Wahrscheinlichkeit, dass die globale Erwärmung in den Tropen vor allem zu einer Änderung des Wasserkreislaufs führt mit der Konsequenz, dass bestimmte Regionen weniger Niederschlag erhalten. So wurde im 20. Jahrhundert weniger Feuchtigkeit aus dem Indischen Ozean nach Ostafrika transportiert. Auch die sinkenden Wasserstände der ostafrikanischen Seen und die Zunahme der Häufigkeit der Waldbrände am Kilimanjaro bestätigen diese Tendenz. Ein wesentlicher Teil des Kibo-Gletschereises dürfte sich während der Afrikanischen Feuchtphase gebildet haben, die vor etwa 12'000 Jahren begann und vor etwa 4000 Jahren endete. Thomson et al. (2002) haben das holozäne Klima am Kibo rekonstruiert. Sie hatten dazu sechs Eisbohrkerne isotopenchemisch untersucht, die nach ihrer Meinung das holozäne Klima praktisch kontinuierlich und hochauflösend dokumentieren.

Photo: M. Geiger, mit freundlicher Genehmigung; 10.11. 2018].

6.2 Mögliche Auswirkungen auf die Wasserversorgung der lokalen Bevölkerung

Im Kapitel 1.4 wurde beschrieben, dass die lokale Bevölkerung der Chagga ein Agro-Forst-system etabliert hat. Bäume des natürlichen Regenwaldes hat man selektiv stehengelassen. Sie dienen als Schattenspender. Auf den darunter liegenden Ebenen kultivieren die Chagga Bananen, Kaffee und Gemüse. Diese Kulturen werden mit einem ausgeklügelten System bewässert.

Die Bewässerung ist vor allem während der Trockenzeit wichtig. Die grössten Nieder-schlags-Mengen fallen am Kilimanjaro zwischen 1800 und 2200 Meter über Meer. Dieses Niederschlagsmaximum ist die Hauptquelle für die Hausgarten-Bewässerung der Chagga.

Bei den Gletschern am Kibo kann man die Plateau-Gletscher im Krater von den Hänge-gletschern an den Krater-Aussenwänden unterscheiden. Vor allem die Hängegletscher ha-ben massiv an Masse verloren. Ob das Schmelzwasser der Gletscher überhaupt eine Rolle für die Bewässerung spielt, bezweifle ich. Die basaltischen Lockersedimente an den Hängen lassen vermuten, dass das Schmelzwasser diffus bis in die Ericaceen-Stufe abfliesst und zu einem guten Teil von den Poren des Basaltgesteins aufgenommen wird.

Literaturverzeichnis

- BURGA, C.; F. Klötzli; G. Grabherr (Hrsg.; 2004): Gebirge der Erde. Landschaft, Klima, Pflanzenwelt. Eugen Ulmer Verlag, Stuttgart.

- HEMP, C. (2005): Continuum or zonation? Altitudinal diversity patterns in the forests on Mt. Kilimanjaro. Plant Ecology, 184(1), pp. 27-42

- HEMP, C. und A. HEMP (2008): The Chagga Homegardens on Kilimanjaro. = In: IHDP Update 2, pp. 12-17.

- MÖLG, T. (2015): Tropische Gletscher mit Fokus auf Ostafrika. In: Lozán, J. L., Grassl, H., Kasang, D. & H. Escher-Vetter (Hrsg.). Warnsignal Klima: Das Eis der Erde. pp. 159-163. Online: www.klima-warnsignale. uni-hamburg.de. doi:10.2312/warnsignal.klima.eis-der-erde.24

- THOMPSON, Lonnie G. et al. (2002): Kilimanjaro Ice Core Records: Evidence of Holocene Climate Change in Tropical Africa = In: Science 298, pp 589-593.

- WALTER, H., Harnickell, E. & Müller-Dombois, D (1975): Klimadiagramm-Karten.